U0339381

◀ ❚ ▨▨▨▨▨▨▨▨▨▨▨▨▨▨▨▨▨▨▨▨▨▨▨▨▨▨▨▨▨▨▨▨▨ 00:26:20

Do Black Holes Have No Hair?   Tue 26 Jan 2016 21:30

黑洞没有毛吗？

◀ ❚ ▨▨▨▨▨▨▨▨▨▨▨▨▨▨▨▨▨▨▨▨▨▨▨▨▨▨▨▨▨▨▨▨▨ 00:27:38

Black Holes Ain't As Black As They Are Painted   Tue 2 Feb 2016 21:30

黑洞并不像想象的那么黑

Black Holes
The BBC Reith Lectures
黑洞不是黑的
霍金BBC里斯讲演

[英] 史蒂芬·霍金 著　吴忠超 译
[英] 大卫·舒克曼 导读

湖南科学技术出版社

Black Holes
The BBC Reith Lectures

Stephen Hawking

With an introduction and notes by
BBC News Science Editor David Shukman

BANTAM BOOKS

LONDON · TORONTO · SYDNEY · AUCKLAND · JOHANNESBURG

TRANSWORLD PUBLISHERS
61–63 Uxbridge Road, London W5 5SA
www.transworldbooks.co.uk

Transworld is part of the Penguin Random House group of companies
whose addresses can be found at global.penguinrandomhouse.com

'Do Black Holes Have No Hair?' first broadcast by BBC Radio 4
on 26 January 2016.
'Black Holes Ain't As Black As They Are Painted' first broadcast by
BBC Radio 4 on 2 February 2016.

First published by arrangement with the BBC in Great Britain
in 2016 by Bantam Books
an imprint of Transworld Publishers

The animations and illustrations were produced by Cognitive
(wearecognitive.com) for BBC Radio 4.

The BBC Radio 4 logo is a trade mark of the British Broadcasting
Corporation and is used under licence.
BBC Radio 4 © 2011.

A CIP catalogue record for this book
is available from the British Library.

ISBN
9780857503572

Typeset in 12/16 pt Adobe Caslon by
Jouve (UK), Milton Keynes
Printed and bound in Great Britain by Clays Ltd, Bungay, Suffolk.

Penguin Random House is committed to a sustainable
future for our business, our readers and our planet. This book is
made from Forest Stewardship Council® certified paper.

1 3 5 7 9 10 8 6 4 2

智慧是随机应变的能力。

—

Stephen Hawking

我相信上帝不存在是最简单的解释。
没有东西创生了宇宙，
也没有任何东西掌握我们的命运。
这导致我深切地意识到，
也许不存在天堂，也没有来世。
我们拥有此生以鉴赏宇宙的大设计，
对此我极度感恩。

—

Stephen Hawking

首先，要志向远大，而非目光短浅。

第二，永不言弃。

工作赋予你意义和目标。

没有它生命变成空虚。

第三，如果你非常幸运地找到爱，

守住它，千万不要将它抛弃。

——

Stephen Hawking

目 录

导 言

大卫·舒克曼

有关史蒂芬·霍金的一切都是迷人的：他在绝境中的病体下深藏的天才；他那只有一块肌肉活动的脸上露出的意味深长的微笑；还有他那机器人的声音，这种特别的声音邀请大家分享他的发现的快乐，与他的思想一同去漫游宇宙最奇异的角落。

这位非凡的人物克服千难万险，超越了寻常的科学边界。他的著作《时间简史》影响惊人，售出了超过1000万册。从他本人出演流行喜剧中的角色，到白宫对他的邀请以及广受欢迎的霍金传记片，都肯定了他的名望。霍金已经名副其实地成为了世界上最著名的科学家。

20世纪60年代，当他被诊断患了运动神经元病时，医生断言他只有两年的寿命了。但半个多世纪后，他仍然在研究、写作、旅行，并且还经常在新闻媒体上露面。他的女儿露西用"极度倔强"来解释他这种异常的活力。

不管是由于个人遭受的痛苦，还是由于他的热情，霍金都令人浮想联翩。他最近告诫人们，人类正面临着一系列自己制造的灾难 —— 从全球温化到人工改造的病毒 —— 一篇报道他的这些观点的文章获得了那天BBC网站上最多的点击量。

极其讽刺的是，如此杰出的一位交流者却不能正常地与人对话。进行采访前，人们必须预先提供访谈问题。若干年前，为霍金工作的职员提醒我在采访过程中不要与他闲谈，因为他即便是回答最简短的问题，都要花很长时间去遣词造句。然而，当终于和他会面时，我激动得忍不住脱口而出："你好吗？" —— 于是只能内疚地等待他回答。他很好。

在他位于剑桥的办公室里，有一块写满了方程的黑板。宇宙学当中需要使用很多非常罕见的数学语言。不过，霍金对科学研究的特殊贡献恰恰就是驾驭一些显然是属于不同专业领域的方法：其中最为人所知的是，他是最早将原本设计用来探索原子内微小粒子的科学手段应用于研究广袤太空的人。

在这个极端复杂的研究领域，霍金的同事们也许会担心，大众永远无法理解他们的研究。不过，霍金的一个明显特征恰是力争赢得更广泛的受众。在2016年的BBC里斯讲座中，他游刃有余地将毕生对黑洞的洞见凝缩在两次15分钟的讲演中。对于那些好奇却同时感到困惑，或者着迷于这思想却害怕科学的读者，我在关键点上都附加了注解，希望能有助于理解。

Do Black Holes Have No Hair?
黑洞没有毛吗？

00:26:20
Tue 26 Jan 2016 21:30

有人说，事实有时比小说更不可思议，没有什么
比黑洞的情形更体现这点了。黑洞比科幻作家的
任何异想天开都更怪异，但它们却是已经被科学
证明了的存在。科学界不仅较晚才意识到大质量
恒星可在自己的引力作用下往恒星中心坍缩，而
且在对坍塌后留下的天体和物质的行为的相关思
考也很迟缓。1939年阿尔伯特·爱因斯坦甚至写
了一篇论文断言，因为物质只能有限度地被压缩，
所以恒星不能在自身引力作用下坍缩。许多科学
家都赞同爱因斯坦的这个直觉判断。而在反对者
当中，最主要的大概要数美国科学家约翰·惠勒
了。他在诸多方面都是历史上推动黑洞理论的英
雄。他在20世纪50年代和60年代的研究中强调，
许多恒星最终会坍缩，并指出了这种可能性给理
论物理学带来的问题。他还预见到坍缩的恒星转
变成的天体，也就是黑洞的许多性质。

DS："黑洞"这个词字面意思很简单，但是要想象在太空中某处一个真实存在的黑洞则比较困难。试着想象有一个巨大的下水口，水盘旋着流入其中。任何东西一旦滑过这个下水口开始下倾的边缘——对应黑洞当中所谓的"事件视界"——就无法返回。因为黑洞是如此强有力，甚至连光都会被它们吞没，所以我们实际上看不到它们。不过科学家知道它们的确存在，因为黑洞会将靠其太近的恒星撕裂开来，与此同时向太空中发出振荡波。最近一项有重大意义的科学成果就是探测到了正是超过十亿年前两个黑洞碰撞产生的所谓的"引力波"。

在一颗正常恒星的几十亿年寿命的大部分时间里，支持恒星对抗自身引力的力量来自于恒星内部的热压力，而热压力产生于将氢转变成氦的核反应过程中。

DS： 美国航空航天局用高压锅来比喻恒星。恒星
　　　内部的核聚变的爆炸力产生了向外的压力，
　　　将一切都往内拉的恒星自身引力把这压力约
　　　束在恒星内部。

然而，恒星最终必将耗尽它的核燃料，失去与自
身引力对抗的热压力。这时候恒星就会收缩。在
某些情形下，它可能变成一颗"白矮星"而支持自
身。然而，1930年萨拉玛尼安·钱德拉塞卡证明，
白矮星的质量大小是有上限的，其最大质量是太
阳质量的1.4倍。苏联物理学家列夫·朗道对全部
由中子构成的恒星计算出类似的最大质量。

DS： 白矮星和中子星都曾是像太阳那样的恒星，
　　　而其内部的核燃料已经燃烧殆尽。由于失去

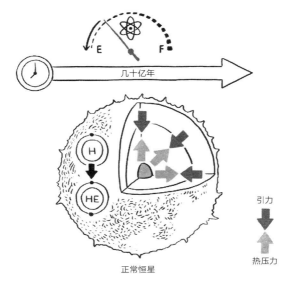

引力

热压力

正常恒星

了使之胀大的力量，无法阻止自身引力拉力将其缩小，于是它们就变成了宇宙中的某些最致密的天体。不过在恒星的大小排名表上，这些恒星却是相对较小的，这意味着它们的自身引力大小不足以使恒星完全坍缩。因此，史蒂芬·霍金和其他人最感兴趣的问题是，最大的恒星在到达其生命终点时会发生什么？

那么，当那无数拥有比白矮星或中子星更大质量的恒星耗尽它们的核燃料时，它们的命运又如何呢？罗伯特·奥本海默，后来的原子弹之父，研究了这个问题。1939 年，在和乔治·沃尔科夫、哈特朗德·斯奈德合作的两篇论文中，他证明了，这样大质量的恒星，其内部向外的压力不足以支持自己；而且如果你在计算中忽略压力，那么一颗均匀的球面对称的恒星就会收缩到具有无限密度的单独的一点。这样的一点被称为奇点。

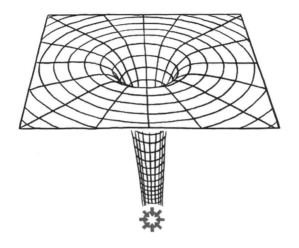

DS： 一个奇点是由一颗大质量的恒星被压缩到难
以想象的小的点时的结局。这个概念一直是
史蒂芬·霍金研究生涯的典型主题。它不仅
有关恒星的终结，还有关形成整个宇宙的起

点的更远为基本的观念。正是霍金关于这些
的数学研究为他获得了世界性的声誉。

我们有关空间的所有理论都是在假定时空是光滑
和几乎平坦的基础上表述的。所以这些理论在奇
点处都崩溃了，因为在那里的时空曲率为无限大。
事实上，奇点标志着时间本身的终结，这也正是
爱因斯坦对之持有异议的原因。

DS：爱因斯坦的广义相对论认为，物体使围绕它
们的时空变形。想象放在一张蹦床上的一个
保龄球，它会改变蹦床布料的形状，使得其
他较小的物体朝它滑去。人们通常用这种办
法来比喻和理解引力效应。倘若时空的弯曲
程度越来越厉害，最终变成无限大，在此处
我们日常所熟知的时空规则就不再适用。

接着第二次世界大战来临。大多数科学家，包括
罗伯特·奥本海默，都将注意力转向核物理，引
力坍缩问题被大多数人遗忘了。而被称为"类星
体"的遥远天体的发现重新激起了科学家们对这
个研究课题的兴趣。

DS：类星体（quasar）是宇宙中最明亮的一类天
    体，也可能是迄今为止能够被检测到的最遥
    远的天体。这名字是"类恒星射电源天体"
    （quasi-stellar radio sources）的缩写，而且它
    们被认为是围绕黑洞涡旋的物质盘。

第一颗类星体 3C273 发现于 1963 年。此后，更多
类星体很快相继被发现。尽管它们距离地球非常
非常遥远，在地球上看来却异常明亮。这意味着
它们释放出了远大于一般天体的能量，单纯的核
反应产生的能量无法和如此大的能量输出匹配，

因为核反应仅仅使用了天体静质量的一小部分，也仅仅将这一小部分质量作为纯粹能量释放出来。而其他可能提供这么大能量的源头，只有因引力坍缩释放的引力能。恒星的引力坍缩就这样被重新发现。

我们已经清楚地了解到，一颗均匀的球状的恒星有可能收缩成具有无限大密度的一点，即奇点。爱因斯坦方程在奇点处失效。这表明，在拥有无限密度的此点，人们不能预言未来。这接着意味，每当一颗恒星坍缩时，就会发生某种奇怪的事情。如果奇点是裸的，也就是说，如果它们没被事件视界遮蔽，那我们就要受到可预见性崩溃的影响。

DS： 一个"裸"奇点是一个理论场景，此处恒星虽然坍缩，却没有形成围绕它的一个事件视界，也因此该奇点就能被看到。

当约翰·惠勒在1967年引进"黑洞"这个术语时，它取代了早先的"冻星"的名字。惠勒新造的词强调，坍缩恒星残余本身是有趣的，而与它们如何形成无关。新名字很快就流行起来。这个词让人联想到某种黑暗而神秘的东西。但是，法国人，模式化的法国人，却察觉到了这个词更下流的一层意思。他们排斥trou noir这个名字好多年（trou noir：法语中的黑洞，在某些俚语当中也会被用作骂人的话），断定这是个淫秽的词语。不过，这就像要抵制le weekend（法语中的周末，源自英语）和其他法式英语一样。最终他们只好屈服。何人能够抵制一个如此大获全胜的名字呢？

在黑洞外部，你不可能知道它里面是什么。你能把电视机、钻戒甚至你最恨的敌人扔进一个黑洞，可黑洞所能记忆的一切只不过是总质量、旋转的状态和电荷。约翰·惠勒把这一原理形象地称为

黑洞没有毛吗？

"黑洞无毛"而闻名。而对法国人来说，这正坐实
了他们的猜疑。

黑洞是有边界的，我们称之为事件视界。在视界
上，引力的大小恰好足以把光拉曳到视界内并防
止它逃逸。因为没有任何东西的速度比光还快，
因此经过视界的所有其他东西也必然会被引力拉
曳回去。穿过事件视界跌落到黑洞内部有点像乘
独木舟顺尼亚加拉瀑布而下。在瀑布上游，如果
你桨划得足够快，就能够逃脱掉下瀑布的命运，
然而一旦到达了瀑布边缘，再怎么划桨都无济于
事了，无法返回。你越靠近瀑布，水流就越急。
这意味着，水流拉独木舟前部的力量比拉后部的
力量更强大。当前后的拉力相差太多时，独木舟
就将面临被拉断的危险。黑洞的情形也是类似的。
如果你脚在前而头在后向一个黑洞落去，因为脚
更接近黑洞，脚所在处的引力比头所在处的引力

更大。这个力差将导致你的身体沿着纵向被拉长，而横向被挤瘦。如果这个黑洞拥有几倍我们太阳的质量，那么在你抵达视界之前就已被撕开并变成像意大利面条那么细。然而，倘若你向质量大得多的黑洞落去，比如质量是太阳质量的100万倍的黑洞，你就将轻而易举地到达视界。因此，如果你要探索黑洞的内部，确保选取一个大的。在我们银河系中心就存在一个质量约为400万个太阳质量的黑洞。

DS： 科学家们相信，在几乎所有星系的中心都有一个巨大的黑洞——鉴于这个观念的有关特征首次被确认也才是不久以前的事，更让人感到了这个观念多么令人惊奇。

尽管在你落入黑洞时，自己不会注意到任何特异之事，但是在远处观察你掉入黑洞过程的人永远

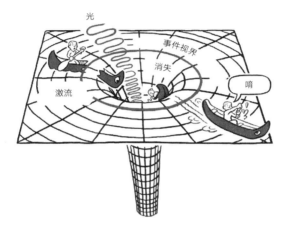

看不到你越过事件视界的瞬间。在这个观察者的
眼里，越接近视界，你运动的速度就显得越缓慢，
而且就在外头徘徊。观测者眼里的你也会随着接

近视界的过程变得越来越红，越来越暗淡，直到你实际上从他的视野里消失。就外部世界而言，你已经永远消失了。

DS： 由于光不能从黑洞逃逸出来，从远处观察你的任何人都无法真正地目击你越过视界的过程。在太空中没人能听见你的尖叫；而在黑洞里，没人能看到你失踪。

1970 年的一个数学发现，极大地推动了我们对这些神秘现象的理解。这就是事件视界 —— 即围绕黑洞的边界区域 —— 的表面积具有如下性质，当额外的物质或辐射落入黑洞时，事件视界的面积总会增加。这个性质暗示，黑洞的事件视界面积和传统牛顿物理之间，特别是和热力学中的熵的概念之间存在相似之处。你可以将熵理解为对于一个系统的混乱程度的测度，或者等效地，是对其精确的态的知识的缺失。著名的热力学第二定律断言，熵总是随时间增加。1970 年的发现首次暗示了视界面积和熵之间的关键联系。

DS：熵增意味着任何有序的事物随时间流逝而变得较混乱无序的倾向 —— 打个比方，就像整齐垒着的砖头形成一堵墙（低熵），随着时间流逝，这堵墙最终将变成一堆杂乱的尘埃（高熵）。而这个从有序到混乱的过程可由热力学第二定律来描述。

虽然熵和事件视界面积之间存在明显的联系，但面积怎么会和黑洞本身的熵等同，对我们来说却一点都不清楚。黑洞的熵指的是什么呢？1972 年，雅各布·柏肯斯坦提出了一个关键的设想，那时他是普林斯顿大学的一名研究生，后来在耶路撒冷的希伯来大学任教。其来龙去脉如下。当引力坍缩产生一个黑洞，它就快速地在一个静态安顿下来，这个态只用三个参数就能表征：质量、角动量（旋转的状态）和电荷。除了这三个性质，黑洞不保留已坍缩的天体的任何其他细节。

在宇宙学家的信息的意义上，这一定理对于信息论隐含了如下思想：在宇宙中的每个粒子和每个力对"是与否"问题都有隐含的答案。

DS：在这个语境里，信息是指与一个天体相关的每个粒子和每个力的所有细节。某物越是混乱无序，它的熵越高，就需要越多的信息去描述它。正如物理学家兼广播员吉姆·阿尔－卡里里说的那样，一副彻底洗过的纸牌比没洗过的拥有更高的熵，因此要描述它就需要更多得多的解释，或者信息。

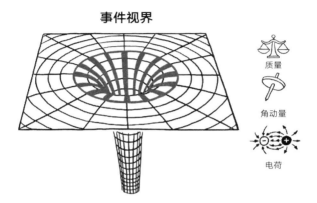

事件视界

质量

角动量

电荷

柏肯斯坦定理意味着，在引力坍缩中，大量信息被丢失了。例如，黑洞最后的态与坍缩物体是由正物质还是反物质构成无关，与坍缩物体是球状的还是高度无规的形状无关。换言之，一个给定质量、角动量和电荷的黑洞可由大量不同的物质位形中的任一种——包括大量不同种类的恒星当中的任意一种坍缩形成。的确，如果不考虑量子效应，那么物质可能位形的数目会是无限多的，因为黑洞可能由巨大不确定数目、具有不确定低的质量的粒子的云团坍缩而形成。不过，位形的数量真能无限多吗？这就是量子效应参与进来之处。

量子力学的不确定性原理表明，只有其波长比该黑洞本身尺度还要小的粒子才能形成黑洞。这表明组成黑洞的粒子的可能波长范围是有限的：它不能是无限的。

DS： 由著名的德国物理学家沃纳·海森伯在20世纪20年代构思出的不确定性原理陈述道：我们永远不能确定或预言最小的那些粒子的精确位置。因此，在所谓的量子尺度之下，自然中存在一个模糊性，和艾萨克·牛顿描述的精确有序的宇宙截然不同。

因此，能够形成一个具有给定质量、角动量和电荷的黑洞的位形的数目尽管非常巨大，却也是有限的。雅各布·柏肯斯坦提出，人们可以由这一有限数目推出黑洞的熵。这将是对黑洞创生时在坍缩过程中丢失且无法挽回的信息量的测度。

柏肯斯坦的设想有一个显然致命的瑕疵，如果黑洞拥有与它事件视界面积成比例的有限的熵，那么它还应该拥有一个有限的温度，该温度要与其表面引力成比例。这就意味着，黑洞可以在某一非零的温度下，和热辐射处于平衡中。然而，根据经典概念，这类平衡是不可能的。因为黑洞会吸收所有落到它上面的热辐射，但根据定义却不能反过来发射任何东西。它不能发射任何东西，也不能发射热辐射。

DS：如果信息被丢失，这显然是在黑洞中发生的

黑洞没有毛吗？

事，那就应该释放一些能量——这就和任何
东西都不能从黑洞出来的理论相悖。

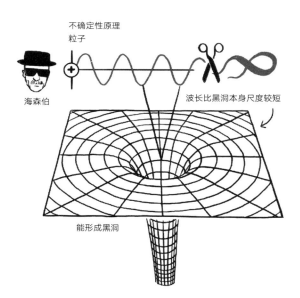

不确定性原理
粒子

海森伯

波长比黑洞本身尺度较短

能形成黑洞

这是一个矛盾的情形。而这正是我在下一次讲演中将要继续探讨的内容之一。届时我将探索黑洞如何挑战宇宙的可预见性，以及历史的确定性的最基础原理；并且谈谈如果你被吸进了一个黑洞，将会发生什么。

DS： 史蒂芬·霍金就这样带领我们进行了一次科学旅行：从爱因斯坦的恒星不能坍缩的断言，到人们接受黑洞的确存在的这个事实，直至关于黑洞的这些怪异特征如何存在和作用的各种理论之间的冲撞。

悬崖

◀ ❚ ▰▰▰

Black Holes Ain't As Black As They Are Painted
黑洞并不像想象的那么黑

00:27:38

Tue 2 Feb 2016 21:30

我在前面的讲演中留下了一个悬念：关于由恒星坍缩产生的不可思议的致密的天体 —— 黑洞性质的佯谬。有理论提出，具有完全相同性质的黑洞可由无限种不同类型的恒星形成。但是也有理论认为，可能形成具有相同性质的黑洞的恒星类型的数目是有限的。这是一个信息论问题，那就是说，宇宙中的每个粒子和每个力对"是与否"问题都拥有隐含的答案。

就像科学家约翰·惠勒说的那样，"黑洞无毛"，因此人们从外部无法得知黑洞内部是怎样的，除了它的质量、旋转状态和电荷这三样信息。这表明，黑洞内部隐藏着大量外部世界无法得知的信息。如果隐藏在黑洞内部的信息量取决于黑洞的尺度，人们从一般的原理就能预料到，黑洞将会拥有一个非零的温度，而这意味着黑洞将会发出热辐射，就会像一块炽热的金属一样发光。但那是不可能的，众所

周知，没有任何东西可以从黑洞中逃逸出来。或者
说，那时人们就是这么认为的。

这个佯谬直到1974年初，我利用量子力学研究黑
洞邻近的粒子行为时才被打破。

DS： 量子力学是极小空间尺度下的科学，它探索
解释最小尺度的粒子行为。这些粒子不遵循
制约像行星那样巨大得多的物体的运动定律，
也就是说，它们不遵循艾萨克·牛顿创立的
定律。利用这种极小空间尺度下的科学去研
究大尺度时空是史蒂芬·霍金的开创性成就
之一。

使我大吃一惊的是，根据我的研究和计算，黑洞似
乎是在以稳定的速率发射粒子。和当时所有人一
样，我坚信黑洞不能发射任何东西。因此，我相当

努力地试图摆脱这一令人难堪的效应。但是，我越苦思冥想，就越难以拒绝承认其正确性，所以最后我只好无奈地接受了这个发现。最终使我确信它是一个真实存在的物理过程的理由是，飞离的粒子的谱是精确地热性的。我的计算预言，黑洞会产生并发射粒子和辐射，恰如其他普通的热体一样，其拥有的温度与其表面引力大小成正比，即和它的质量大小成反比。

DS：这些计算首次证明，黑洞不一定是只进不出的通往死地的单行道。自然而然地，该理论所提出的辐射被称为"霍金辐射"而闻名。

自此，黑洞发射热辐射的数学证据也逐渐被其他科学家用各种不同的手段所确认。下面让我试着解释这些发射是如何产生的，但这并不是理解该理论的唯一方法。量子力学表明，整个空间充满了虚粒子和虚反粒子组成的虚粒子对，它们不断在空间中成对地成为实体，分离，然后再次碰撞并相互湮灭。

DS：这个概念取决于真空从来就不是空无一物的这个思想。根据量子力学的不确定性原理，总存在粒子出现的机会，不管它们存在的时间多么短暂。而这个过程总是牵涉到拥有相反特征的粒子对，它们出现并消失。

这些粒子之所以称作"虚的"，那是因为不像实粒子那样，我们不能用检测器直接观察到它们。尽管如此，可以测量到它们的间接效应，而且所谓的兰姆移动的一种小移动证实了它们的存在。兰姆移动指的是它们在受激的氢原子发射的光谱能级上产生的分裂。现在，在黑洞的场合，虚粒子对中的一个成员可能落进黑洞，留下了失去伴侣的另一成员，因而这个成员无法湮灭。被遗弃的粒子或反粒子有

黑洞并不像想象的那么黑

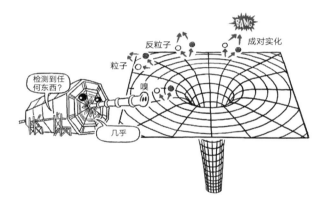

可能随它的伴侣落入黑洞，但是它也有可能向无限逃逸，这样的粒子就作为从黑洞发射出的辐射而出现了。

DS：这一部分理解的关键点在于，通常无人注意到虚粒子对的形成和消失。不过，如果这个过程恰巧正发生在黑洞的边缘，虚粒子对中的一个粒子可能被拖曳进去，而另一个却没有。那么，逃逸的粒子就会显得似乎正被黑洞"吐出来"。

一个太阳质量的黑洞泄出粒子的速度非常非常慢，以至于我们不可能检测到该过程。然而，如果有质量小得多的"微"黑洞，比如说一座山那么重的黑洞。像山那么重的黑洞会以大约10万亿瓦的速率辐射出X射线和伽玛射线，足以给整个地球提供电能。然而，要控制并利用这样一个微黑洞绝非易

黑洞并不像想象的那么黑

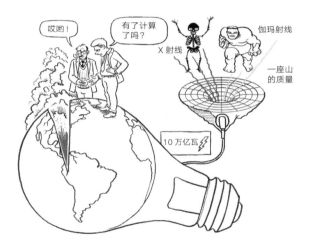

事。你不能直接把它放在发电厂，因为它会穿过地板不断往地心落去，并在地心处停下来。如果我们拥有这样的一个黑洞，那保管它的唯一方法就是把它放到环绕地球的轨道上。

人们曾经试图寻找过这样的微型黑洞，但迄今还未找到。真是太可惜了，如果他们找到了微黑洞，那我就能获得诺贝尔奖了！不过要证明我的理论还有其他方法，那就是我们也许能够在时空的额外维度当中制造微黑洞。

DS：这些"额外维度"是指，超越我们所有人在日常生活中都熟悉的三维，也超越时间的第四维的某种东西。在试图解释引力为何比诸如磁力等其他自然力都弱得多的过程中，人们引出了这个思想——也许引力在平行的其他维度里也必须起作用。

根据某些理论的理解，我们体验的宇宙只是在十维或十一维空间中的一个四维面。影片《星际穿越》当中也体现了这个理解。因为光无法通过这些额外维度，而只能通过我们所处宇宙的四个维度传播，所以我们看不见额外维度。然而，引力却会影响额外维度，并且引力在那里的作用比在我们的宇宙中强大得多。因此，在额外维度中形成小黑洞要容易得多。在瑞士的欧洲粒子物理研究所的LHC，即大型强子对撞机的实验中，我们也许有机会能观察到这样的现象。在LHC当中有一条周长达到27千米的圆形隧道，两束粒子沿着相反方向围绕这个隧道飞行，并且最终被强迫碰撞。有些碰撞也许会产生微黑洞。这些黑洞会以一种容易被辨认的模式发射出粒子，我们可以通过这个方式来验证我的理论。所以我终究有可能得个诺贝尔奖的！

DS： 只有当一个理论经受了时间的检验，即实际

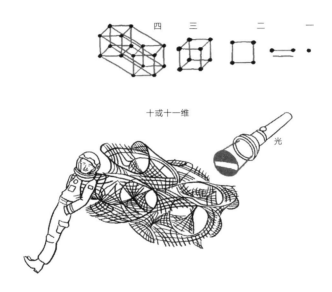

四 三 二 一

十或十一维

光

上已有确凿的证据证明其正确性后，诺贝尔物理学奖才会颁发给它的发现人。例如，彼得·希格斯是早在20世纪60年代就提出存在某种粒子的科学家之一，这种粒子能赋予其他粒子以质量。将近50年以后，人们才在大型强子对撞机的两个不同的检测器上找到了后来被确认为希格斯玻色子真实存在的证据。这是理论科学和工程学、睿智的理论和扎实的工作共同的胜利；最终彼得·希格斯和弗朗索瓦·恩格勒，一位比利时科学家，共同获得了这项诺贝尔奖。霍金辐射还未获得物理证明，而一些物理学家甚至暗示，要检验这个理论过于困难，几乎是不可能的。不过，随着对黑洞越发深入的研究，霍金辐射被证实存在的时刻终究会到来的吧。

随着粒子从黑洞逃逸，黑洞将损失质量，并且收缩。而这个行为将使粒子发射率增大，也就是说黑洞损失质量的速率将越来越大。最后，黑洞将会失去它的全部质量并且消失。那么已落进黑洞的所有粒子和倒霉的航天员的命运将会如何呢？当黑洞消失时，他们当然不可能就这么重新出现了。在我们看来，除了总质量、旋转的量和电荷，之前落入黑洞的物体的信息全部丢失了。但是，如果这些信息真的全部丢失了，就会造成一个直击我们现有的科学理解核心的严重问题。

在此前两百多年的岁月里，我们都坚信科学的决定论性，也就是说，宇宙的演化遵循科学定律。皮埃尔-西蒙·拉普拉斯构思并表述了这一原理，他说，如果我们知道某一时刻宇宙的状态，就能够利用科学定律确定它在未来和过去所有时刻的状态。据说，拿破仑曾经问过拉普拉斯，在他的理论当中，上帝起了什么作用，而拉普拉斯回答道："阁下，我不需要假设上帝在我的理论当中起了任何作用。"我认为拉普拉斯的这句话并不是在断言上帝不存在 —— 只是说上帝不干预世界使之违背科学定律。这点必然是每位科学家都确信的。

科学定律如果只在某位超自然的存在决定让事物运行而不加干涉时才成立，那科学定律就不成其为科学定律了。

在拉普拉斯的决定论性中，人们为了预言未来，必须知道所有粒子在某时刻的位置和速度。然而，要预言宇宙的未来远没有这么简单，我们还需要考虑沃纳·海森伯在1923年提出的不确定性原理，这个原理是量子力学的核心。

该原理表明，你对粒子的位置测量得越精确，对它们的速度就只能测得越不准确，反之亦然。也就是说，你不能同时既准确地知道位置，又准确地知道速度。在这个情况下，要怎样才能精确地预言未来呢？答案是，虽然我们不能准确地分别预言粒子未来的位置和速度，却仍能预言粒子未来拥有的所谓的"量子态"。通过所谓的量子态，就能够在一定精确程度上计算出粒子的位置和速度。我们仍然期望宇宙决定论性可以成立，只不过需要稍微改变一下说法，如果我们知道在某一时刻宇宙的量子态，科学定律应使我们能预言它在其他任何时刻的量子态。

DS：从解释发生在事件视界的事情开始，我们已经不断深入探索了科学中某些最重要的具有哲学意味的主题——从牛顿机械世界到拉普拉斯定律到海森伯不确定性，还探索了这些原理或者定律是在哪些地方遭遇了黑洞奥妙的挑战。最重要的是，根据爱因斯坦的广义相对论，进入黑洞的信息消失了，而量子理论说明它不能被销毁。

如果信息在黑洞中丢失，我们就不能预言未来，因为黑洞可能发射出任何一堆粒子。它甚至能发射出一台好使的电视机，甚至是一套真皮精装的莎士比亚全集，尽管这种奇异的发射概率极其微小。你可能会觉得，就算我们不能预言从黑洞里会跑出什么东西来，也没啥大不了的，反正在我们周围没有任何黑洞。不过，这是个原则问题。如果决定论性，也就是宇宙的可预见性在牵涉到黑洞时失效，那它在其他情形下也会失效。更糟的是，如果决定论性失效，那么我们也就无法确定我们过去历史的真实性。我们的史书和记忆可能仅仅是幻觉。正是我们的过去决定了我们的现在存在；没有了历史的真实性，我们就失去了自己的本体。

因此，信息在黑洞中是否真的丢失了，或者在原则上它是否能被恢复，是一个非常重要的研究课题。许多科学家觉得信息是不应该丢失的，但没人能提出一个能保存信息的机制。关于这个课题的争论持续了多年。最后，我找到了自以为是正确的答案，

它依赖于理查德·费恩曼的下面这个思想，存在许多不同的可能的历史，每种历史都有其发生的概率，而非一个单独的历史。在这个情形下，存在着两大类历史。其中一类，空间中存在一个黑洞，粒子可以落入这个黑洞；在另一类历史中，空间中不存在黑洞。

关键在于，我们无法从外部断定，是否存在一个黑洞。因此，总有不存在黑洞的概率。这个可能性就足以保存信息，不过这信息不以非常有用的方式返回。这有点像把一部百科全书烧毁。如果你保留所有的烟和灰，这部百科全书的信息并没有丢失，只是变得非常难以阅读。科学家基普·索恩和我同另一位物理学家约翰·普列斯基尔曾经打赌，我和基普认为信息会在黑洞中丢失。当我发现这种保存信息的方式时，我承认赌输。我输给了约翰·普列斯基尔一部百科全书。也许我应该就给他书的灰烬。

DS： 在持宇宙的完全决定论观点的理论中，你能
　　　烧毁一部百科全书，而且接着重新构建出
　　　它 —— 前提条件是，你知道组成这部百科全
　　　书的墨水和纸的每个分子的每颗原子的特征
　　　和位置，并且一直跟踪着它们的一切的话。

目前，我正和剑桥的同事马尔科姆·佩里以及哈
佛的安德鲁·斯特罗明格研究基于所谓超平移的
数学思想的新理论，以期解释使信息从黑洞返回
外部的机制。根据我们的理论，信息被编码到了
黑洞的视界上。敬请期待我们在未来发表进一步
的消息！

DS： 在录制了里斯讲演后，霍金教授和他的同事
　　　发表了一篇论文，该论文从数学上论证了信
　　　息能被储存在事件视界里。该理论依赖于信
　　　息在一个称为超平移的过程中，被转变成两

维的全息图。正如在这个讲演之末复制的摘要所展现的，这篇题为"黑洞上的软毛"的论文为我们提供了这个领域的深奥语言的清晰一瞥，并为我们展现了科学家们试图解释它所面临的挑战。

对于落入我们所在的宇宙的一个黑洞当中的物体有没有可能从另一宇宙出来的问题，前面讨论对我们有什么提示？存在具有和不具有黑洞的两大类可选择性历史暗示，物体有可能落入某个黑洞，从另一个宇宙出来。但是这个黑洞必须很大，并且如果它在旋转的话，那么它也许具有一个通往另一宇宙的通道。但是你一旦进去了，就再也不能回到现在所处的宇宙当中了。因此，尽管我很热爱太空飞行，但并不准备去尝试穿越一个黑洞。

DS：如果一个黑洞在旋转，那么它的核心有可能不是由一个无限密度的奇点构成，而是可能存在一个环形的奇性。而正是这导致了不仅落入黑洞而且穿越它的可能性的猜想，尽管这意味着离开我们已知的这一宇宙。史蒂芬·霍金用这一撩人的想法结束了演讲：在黑洞另一边也许存在一些东西。

那么，我想要在此给你们的留言是，黑洞并不像想象的那么黑。和我们曾经想象的不同，它们不是一度想象的永久的囹圄。落入其中的物体可以从黑洞逃逸，既可逃回到这个宇宙来，还可逃到另一个宇宙去。因此，如果你觉得自己掉进一个黑洞里，永远不要放弃，总有方法能逃出来！

黑洞并不像想象的那么黑

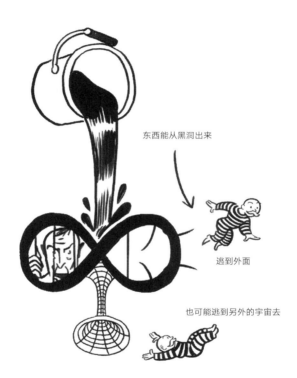

东西能从黑洞出来

逃到外面

也可能逃到另外的宇宙去

黑洞上的软毛

史蒂芬·霍金[+]，马尔科姆·佩里[+]和安德鲁·斯特罗明格[*]

[+]应用数学和理论物理系，数学科学中心，
剑桥大学，剑桥，CB3 0WA，英国
[*]自然基本定律中心，
哈佛大学，剑桥，MA 02138，美国

摘要

最近已被证明，在所有渐近闵可夫斯基时空的引力论中，BMS超平移对称意味着无数个守恒律。这些定律要求黑洞携带大量软（即零能量）的超平移的毛。类似地，麦克斯韦场的存在隐含着软的电磁的毛。本文按照软引力子或软光子来详尽描述黑洞视界上的软毛，而且证明有关它们量子态的完整信息被储存在视界未来边界的全息版上。荷守恒给出拥有不同软毛而其余都相同的黑洞的蒸发结果之间的无数个精确关系。我们还进一步论证，物理上可实现的过程无法激起在空间上定域至比普朗克长度更小得多的软毛，由此推出软的自由度的有效数目和以普朗克单位度量的视界面积成正比。

注：此文已发表于：Phys. Rev. Lett. 116, 231301 (2016).

Soft Hair on Black Holes

Stephen W. Hawking[†], Malcolm J. Perry[†] and Andrew Strominger[*]

[†]*DAMTP, Centre for Mathematical Sciences,
University of Cambridge, Cambridge, CB3 0WA UK*
[*] *Center for the Fundamental Laws of Nature,
Harvard University, Cambridge, MA 02138, USA*

Abstract

It has recently been shown that BMS supertranslation symmetries imply an infinite number of conservation laws for all gravitational theories in asymptotically Minkowskian spacetimes. These laws require black holes to carry a large amount of soft (*i.e.* zero-energy) supertranslation hair. The presence of a Maxwell field similarly implies soft electric hair. This paper gives an explicit description of soft hair in terms of soft gravitons or photons on the black hole horizon, and shows that complete information about their quantum state is stored on a holographic plate at the future boundary of the horizon. Charge conservation is used to give an infinite number of exact relations between the evaporation products of black holes which have different soft hair but are otherwise identical. It is further argued that soft hair which is spatially localized to much less than a Planck length cannot be excited in a physically realizable process, giving an effective number of soft degrees of freedom proportional to the horizon area in Planck units.

附 录

黑洞极简史

吴忠超

在牛顿力学中，每个天体都有一个逃逸速度，从天体表面飞离的投掷体的初始速度只有超过它，投掷体的动能才能转换成足够的势能，使自己永远摆脱该天体的引力场。显然，如果世间万物有一最大的速度，那么当天体足够致密，也就是其表面的引力足够强大时，任何物体都无法挣脱这个天体的引力场，包括光粒子。所以这样的天体只能吞噬东西，绝不能释放物质，也不能发射光，因此它是看不见的。拉普拉斯说的"宇宙中的最大星体可能是看不见的"就是这个意思。他心目中的这种不可见的恒星就是20世纪中期被惠勒命名为黑洞的天体。其实剑桥的米歇尔早于拉普拉斯几年就首次提出了黑洞的思想。

万物具有最大速度这一思想显然和伽利略相对性原理相冲突。因为我们可以很容易选取另一个惯性系，在新的坐标系中看，这个上限就被突破了。

1865年麦克斯韦根据以他名字命名的方程组预言了电磁波的存在，并推导出其在真空中传播的速度是光速，由此断言光是电磁波的一种形式。1888年赫兹用实验证实了电磁波的存在，那已是麦克斯韦死后九年。

爱因斯坦认为，如果麦克斯韦理论在所有惯性系中都成立，这也是相对性原理所要求的，那么就只好放弃一些旧观念，如同时的绝对性等。他把时间和空间合并成四维的时空，而不同惯性系的时空坐标之间必须进行洛伦兹变换。这就是他在1905年发现的狭义相对论的精义。狭义相对论还认为，真空中的光速正是万物最大的速度。

要把引力和狭义相对论相合并绝非轻而易举。因为引力和其他的相互作用非常不同。传说中1590年伽利略在比萨斜塔做的自由落体实验表明，物体的惯性质量和引力质量相等。这个思想被爱因斯坦精炼为，在升降机中的乘客无法区分引力和惯性力，这就是所谓的等效原理。他进一步提出，引力应由弯曲时空的度规来体现，物理定律在任意坐标系中都采取同样的形式，而时空度规应满足他于1915年发现的以他名字命名的场方程。这标志着广义相对论的诞生。物质的能量动量张量是引力场的源，而物质又在场中运动。用惠勒的话说：物质告诉时空如何弯曲，时空告诉物质如何运动。

广义相对论是相对性原理、光以及引力三者和谐共存的理论。只有在这个理论中才能建立黑洞的自洽模型。

史瓦兹席尔德早在1915年，在广义相对论诞生一个月后不久就找到了爱因斯坦场方程的第一个非平坦时空的准确解，正是这个解描写了真空中的无旋转的黑洞的度规。这篇论文是爱因斯坦推荐发表的，但发表时作者已病故。爱因斯坦在此前进行有关水星近日点进动的计算，以及对光线在掠过太阳表面时偏折的预言，用的其实就是这个解的近似表述。有趣的是，如果把黑洞的所谓视界当成它的表面，那么由广义相对论推出的黑洞大小恰和从牛顿引力推出的大小一样。尽管如此，爱因斯坦却认为物质不可能紧致到能形成黑洞，他在1939年断言黑洞不存在。黑洞的第二个重要的解则迟至1963年才被克尔发现，那是描写在真空中旋转的黑洞度规。

1928年钱德拉塞卡提出，在恒星内部的核燃料耗尽时，由于阻挡不住自身的引力而向其中心坍缩，形成致密恒星。如果它的质量小于1.4倍太阳质量即钱德拉塞卡极限时，则可能是白矮星，超过这个极限则不是。现在我们知道，当该质量比这高但又比3.2倍太阳质量即奥本海默-沃尔可夫极限低时，则可能是中子星，甚至夸克星。当这个质量超过这第二个极限时就产生黑洞。

1939年奥本海默描绘出致密恒星向黑洞演化的场景，在星体表面趋近于要形成的黑洞视界尺度时，恒星发出的光谱极端红化，星体变得极度黯淡，直至光线完全消失。同样，一个落向黑洞的航天员在远处的同伴眼里也是如此，似乎他永远在视界附近徘徊。而航天员本人在刚进入巨大黑洞时不会感到任何异样，并未意识到他已跨过一扇永远不可返回的地狱之门 —— 黑洞的视界。没有任何东西包括光线可以从黑洞里和视界上逃逸出来。而且，如果航天员穿过一个较小黑洞的视界，那么巨大的引力潮汐作用就会把他撕碎！

从1967年至1971年，引力物理学家们达到共识，在恒星引力坍缩成黑洞的过程中，星体的大量无规性会被产生的引力波带走。坍缩演化的终态是只用三个参数表征的一个黑洞，这三个参数是质量、角动量和电荷。这就是所谓的"黑洞无毛定理"。有关坍缩前的恒星的大量信息全部丢失了。无毛定理使得黑洞研究变得极度纯粹，并直击自然的核心奥妙，所以可以说，黑洞和宇宙一样是科学研究的最美对象。

在经典引力物理中，霍金的最主要贡献除了1970年前证明的广义相对论的奇性定理外（和彭罗斯合作），便是1970年发现的黑洞视界面积不减定理：黑洞的视界面积永远不可能减小，当多于一个黑洞合并时，其总的视界面积也如此。

这个定理有一个重要的推论，由黑洞碰撞产生的引力辐射能量必须有个上限，这正是2015年首次发现的引力波的场景。

因为视界面积不减的定理和热力学第二定律可以相类比，所以1972年柏肯斯坦将黑洞视界面积猜测为黑洞的熵的度量，它代表黑洞坍缩时描写其微观状态的所有信息的丢失。但是在经典物理的框架里，黑洞不能发射任何东西，所以温度应该为零。因此黑洞具有以视界面积为度量的熵就和热力学第三定律相冲突。这个左右为难只有在考虑量子效应后才得以解决！经典引力和热力学的共动就这样将量子论扯进来。这使人想起在科学史上，正是对黑体辐射的热力学研究，才使普朗克开启了量子世界的大门！

1974年霍金在研究物质受黑洞散射的问题时在理论上发现了后来称为霍金辐射的现象。他发现在一个恒星坍缩形成黑洞的时空背景里，原先真空

的量子场，在形成黑洞后演化成从视界附近发射
出的粒子流，这些粒子流具有黑体的热谱，其温度
由视界的表面引力来度量。在史瓦兹席尔德黑洞
的情形，该温度和黑洞质量成反比。因此随着黑洞
辐射，黑洞质量降低，温度升高，辐射加剧，如此
反复正反馈，使黑洞以最后的爆发而告终。其他黑
洞的情形也大体一样。

从黑洞辐射场景可以推出，黑洞的熵果然是以视
界面积来度量。准确地说，在所谓的普朗克单位
下，熵等于视界面积的四分之一。

霍金辐射的理论发现是引力物理自爱因斯坦后的
最伟大成就。在这个场景中，引力论、量子论和热
力学得到了优美的统一。

但是，具有一个太阳质量的黑洞的辐射温度只有

百万分之一开的数量级，它被淹没在2.7开的宇宙背景微波辐射之中，根本无法被检测到。因此，为了观测到霍金辐射，人们寻找宇宙早期由于密度起伏引起的微小黑洞，但迄今还未找到这类黑洞。

严格地讲，真正太初黑洞必须和宇宙同步创生。在量子宇宙学的框架中，人们发现在闭合的宇宙中，黑洞创生的相对概率是系统熵的指数函数，而在开放的宇宙背景中，它是系统负熵的指数函数。

1999年帕里克和威尔切克利用隧穿的观点来研究霍金辐射，辐射粒子的半经典发射率被表达成黑洞熵改变的指数函数。这个研究还具有的独立意义是，它计算出在势垒因粒子隧穿过程本身而改变的情形下的该粒子穿透率。

在霍金辐射的场景中，如果黑洞在蒸发后完全消失，那么引力坍缩前的纯态就转变成霍金辐射的混合态，因此坍缩前的物质的信息丢失了，即量子论的可预见性丧失了。这就是折磨了物理学界四十年的黑洞信息佯谬。

柏肯斯坦猜测黑洞的熵被均分在视界上。受此启发，特胡夫特猜测黑洞内部时空区域的自由度总数与其视界的面积成比例。循着这个思路，20世纪90年代初人们发展出全息原理。1997年马尔达西那提出的规范场和引力的对偶性是全息原理的最成功实现。这种对应在一定程度上解决了黑洞信息佯谬。在五维的反德西特时空中的黑洞对应于它无限边界上的四维平坦时空中的规范场。而后者进行酉演化，所以黑洞的演化也应如此，因此信息不应丢失。

那么在黑洞的场景，落入粒子的信息如何在霍金辐射中重现呢?

诺特定理说,任何对称性都拥有与之对应的守恒的荷。1962年,人们发现在渐进平坦时空的类光无限存在超平移对称,这种对称隐含着无数由偏振标识的与之相关的荷的守恒律。所谓软引力子正是携带这种荷,不具有能量,但具有不同角动量的粒子。对应于电磁场也存在类似的软光子。

2015年霍金意识到在静止黑洞的视界也存在这样的超平移对称。与此相关的守恒的荷称为引力的软毛,这是和黑洞的质量、角动量和电荷的硬毛相对照的。全息版处于视界未来边缘上。落入的粒子在视界上植上这种软毛,相当于引起视界的超平移,它刺激全息版上的像素,即在那里创生软引力子。同理,电流在穿越视界时也在那里创生软光子。这么丰茂的软毛只有在量子的框架中才能被看到,而在经典的框架中只能显现前面提到的三根硬毛。

霍金、佩里和斯特罗明格断言，如果落进黑洞的粒子的空间局域尺度小于普朗克长度，则无法激发视界上的像素，软粒子自由度的数目和以普朗克单位量度的黑洞视界面积成比例。但超平移的像素还太稀疏，不足以完全记录穿越视界物质的信息，即不足以完全体现柏肯斯坦－霍金熵。于是他们猜测，如果穷尽黑洞视界拥有的所有对称及其相关联的荷，尤其是超旋转，则柏肯斯坦－霍金熵必然会被充分体现出来。自然从来不会让我们失望，除非还有更神妙的场景在前面等待。

在量子引力中，由于软粒子的存在，真空不像过去以为的那样，不是唯一的，而是无限简并的。在黑洞形成和蒸发过程中，与超平移等对称相关的荷必须守恒，最终的真空态和热的霍金辐射相互关

黑洞极简史

联，以保持纯态。因此，落入黑洞粒子的信息被恢复，可惜其形式是混沌的，所以信息并没丢失，但我们无法读出它的含义。

目前，霍金、佩里和斯特罗明格正在沿着这个思路继续进展，黑洞信息佯谬可望即将得到彻底的解决。

科学界认为黑洞辐射是霍金最伟大的贡献，但他最自豪的却是量子宇宙学的无边界设想。如果将他的成就凝缩成两句话，那应该是：

黑洞辐射贯通引力量子信息，

无边界律呈现宇宙无中生有。

2016年夏，杭州望湖楼

附 录

阅读史蒂芬 · 霍金

01

《时间简史》

[英]史蒂芬·霍金 著

吴忠超 许明贤 译

这部获得国际声誉的杰作从回顾由牛顿到爱因斯坦关于宇宙的伟大理论开始，通过螺旋星系和弦理论，探索空间和时间的核心秘密——从大爆炸到黑洞。从1988年首版起，《时间简史》一直是科学著作的典范，它简要而明晰的叙述不断吸引千百万读者进入宇宙的奇境。

02

《霍金讲演录》

[英] 史蒂芬·霍金 著

杜欣欣 吴忠超 译

这是史蒂芬·霍金的第一部短文集，从温馨的个人成长史到冷静的科学，展现了他作为科学家、普通人、忧心忡忡的世界公民和总是严谨而富有想象力的思想家的个性。无论回忆在幼儿园最早的经历，还是挫败那些自认为最能理解科学、极其傲慢的科学家们，探索宇宙的起源和未来，以及回顾《时间简史》的奇迹，史蒂芬·霍金以机智幽默，清晰明了和直截了当的文字写出了他成长为当代最伟大的思想家的历程。

03

《时间简史（插图版）》

[英] 史蒂芬·霍金 著

吴忠超 许明贤 译

《时间简史》讲述了探索时间和空间核心秘密的故事，是关于宇宙本性的最前沿知识，包括我们的宇宙图像、空间和时间、膨胀的宇宙、不确定性原理、基本粒子和自然的力、黑洞、时间箭头等内容。第一版中的许多理论预言，后来在对微观或宏观宇宙世界观测中得到证实。《时间简史（插图版）》更新了内容，纳入许多观测揭示的新知识以及霍金的最新研究，并配以250幅照片和电脑制作的精美时空图。

04

《果壳中的宇宙》

[英] 史蒂芬·霍金 著

吴忠超 译

这部图文并茂的著作将我们带领到理论物理的最前沿，那里，真相通常比虚构更奇妙。史蒂芬·霍金把目光转向在《时间简史》出版后十年间的主要科学突破，从超引力到超对称，从量子论到M-理论，从全息原理到对偶性，引导我们沿着他自己寻求宇宙秘密的道路前进。他在这最激动人心的智力探险中试图"将爱因斯坦的广义相对论和理查德·费恩曼的多历史思想结合成一个完备的统一理论，这个理论可望描述发生在宇宙中的万物"。

05

《时间简史（普及版）》

[英] 史蒂芬·霍金 著

吴忠超 译

这是一本探索时间本质和宇宙最前沿的通俗读物。《时间简史》成为科学著作的里程碑。不仅归因于作者迷人的表达方式，还归因于他讨论的令人敬畏的主题：空间和时间的本性，宇宙的历史和将来。但在它问世后，有些读者不断地向霍金教授诉说，该书某些最重要的概念理解起来非常困难。这就是写作《时间简史（普及版）》的缘起和理由：作者希望读者更容易接受它的内容——同时还纳入最新的科学观测和发现。虽然本书在篇幅上的确是"更简明"些，但它实际上却扩大了原书的论题。删除了纯粹技术性的概念，混沌的边界条件的数学，等等。

06

《大设计》

[英] 史蒂芬·霍金
列纳德·蒙洛迪诺 著
吴忠超 译

宇宙是何时并如何起始的？我们为何在此？我们宇宙的表观"大设计"是让万物运行的造物主行善的证据吗？或者，科学可否提供另外的解释？在这部和美国物理学家兼作家列纳德·蒙洛迪诺合作的巨著中，我们领略了充满才华的关于宇宙秘密的最新科学思想。这部简洁而惊人的著作揭示了依赖模型的实在论、多宇宙、从顶到底的宇宙论和统一的M-理论。这些发现正在改变我们的理解并威胁某些我们最珍爱的信仰系统。

07

《我的简史》

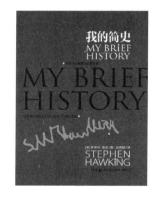

[英] 史蒂芬·霍金 著

吴忠超 译

史蒂芬·霍金在本书记录了自己从战后的伦敦男孩成长为国际学术巨星的岁月。这部附有大量罕见照片、简明风趣且坦诚的自传为读者打开通往霍金个人宇宙的一扇窗户：绰号为"爱因斯坦"的好追根究底的小学生；为存在特殊黑洞而打赌的开玩笑者；在物理学和宇宙学世界博取立足之地的年轻的丈夫和父亲。霍金以特有的谦逊和幽默的笔调，倾谈他21岁时被诊断出"渐冻人症"后面临的挑战。他讲述早夭的威胁如何迫使他取得一个又一个智力的突破，还论及他的杰作——《时间简史》的本源。

08

《乔治的宇宙：秘密钥匙》

[英]露西·霍金
史蒂芬·霍金 著
杜欣欣 译

《乔治的宇宙》是由霍金和女儿合著的儿童科普"五部曲"。《乔治的宇宙：秘密钥匙》的主角乔治出生于一个非常重视环保的家庭，其父亲认为科学技术危害地球环境而拒绝使用现代科技产品。乔治十分单纯，在学校里经常受到欺负。因为对科学痴迷，他能战胜周围人性的阴暗面。一次，乔治很幸运地遇到宇宙学家埃里克，在埃里克研制的超级电脑Cosmos协助下，乔治和埃里克的女儿安妮畅游太空。他们曾经一起搭乘彗星造访木星、土星，并在小行星带遇险……

09

《乔治的宇宙：寻宝记》

[英] 露西 · 霍金
史蒂芬 · 霍金 著
杜欣欣 译

《乔治的宇宙：寻宝记》主要讲述乔治和安妮以及他们的新朋友艾米特在寻找宇宙中的天外生命——外星人的故事。安妮的父亲埃里克离开英国，去位于佛罗里达的全球空间部任职，邀请乔治去那里度假，而安妮却有小算盘，她要和乔治再次到太空探险……

10

《乔治的宇宙：大爆炸》

[英] 露西·霍金
史蒂芬·霍金 著

杜欣欣 译

《乔治的宇宙：大爆炸》讲述从乔治的猪弗雷迪开始，弗雷迪不仅已长成大猪，而且几乎是一头粉红色的小象了。乔治父亲只得将它送到动物农场。弗雷迪从小没与猪共同生活过，它在动物农场过得不快乐，于是乔治和安妮想在超级电脑Cosmos帮助下，为它在宇宙间寻找宜居之处。在寻找中，两个孩子无意间发现了一个反科学组织。这个组织不仅公开反对安妮的宇宙学家父亲埃里克，而且还企图炸毁大型强子对撞机、炸死人类福祉科学社团的全体成员，来阻止科学进程。大型强子对撞机进行的正是宇宙从大爆炸创生的实验……

图书在版编目（CIP）数据

黑洞不是黑的：霍金BBC里斯讲演／（英）史蒂芬·霍金著；吴忠超译.
—长沙：湖南科学技术出版社，2017.5
ISBN 978-7-5357-9248-8

Ⅰ．①黑…　Ⅱ．①史…②吴…　Ⅲ．①黑洞—普及读物　Ⅳ．①P145.8-49

中国版本图书馆CIP数据核字（2017）第078676号

'Do Black Holes Have No Hair?' first broadcast by BBC Radio 4 on 26 January 2016.
'Black Holes Ain't As Black As They Are Painted' first broadcast by BBC Radio 4 on 2 February 2016.
First published by arrangement with the BBC in Great Britain in 2016 by Bantam Books
an imprint of Transworld Publishers
Copyright © Stephen Hawking 2016
Stephen Hawking has asserted his right under the Copyright, Designs and Patents Act 1988 to be
identified as the author of this work.
The animations and illustrations were produced by Cognitive(wearecognitive.com) for BBC Radio 4.
The BBC Radio 4 logo is a trade mark of the British Broadcasting Corporation and is used under licence.
BBC Radio 4 ©2011.

湖南科学技术出版社获得中文简体版中国内地独家出版发行权。
著作权合同登记号：18-2017-51

HEIDONG BUSHI HEIDE　HUOJIN BBC LISI JIANGYAN
黑洞不是黑的　霍金BBC里斯讲演

著者：〔英〕史蒂芬·霍金
导读：〔英〕大卫·舒克曼
译者：吴忠超

责任编辑：孙桂均　吴　炜　李　蓓　杨　波
责任美编：殷　健
出版发行：湖南科学技术出版社
社址：长沙市湘雅路276号
网址：http://www.hnstp.com
湖南科学技术出版社天猫旗舰店网址：http://hnkjcbs.tmall.com
邮购联系：本社直销科 0731-84375808
印刷：长沙超峰印刷有限公司（印装质量问题请直接与本厂联系）
厂址：长沙市金洲新区泉洲北路100号　邮编：410600

版次：2017年5月第1版第1次
开本：787mm×1092mm　1/32　印张：3　字数：30000
ISBN 978-7-5357-9248-8　　定价：39.00元